# INTRODUÇÃO AO MUNDO DOS COGUMELOS

*Fungicultura Básica*

Fabio Rodrigues de Araujo

# CONTENTS

Title Page

Copyright

O Mundo dos Cogumelos      1

Princípios Básicos      6

Propriedades Medicinais      9

Preparação para o Cultivo de Cogumelos      13

Ambiente de Cultivo de Cogumelos      16

Manejo e Cuidados Diários no Cultivo de Cogumelos      19

Cultivo de Cogumelos Específicos      22

Técnicas Avançadas de Cultivo de Cogumelos      37

Receitas com Cogumelos      40

Obrigado!      45

# O MUNDO DOS COGUMELOS

## Introdução

Os cogumelos são organismos fascinantes que têm intrigado e encantado os seres humanos há milhares de anos. Eles pertencem ao reino Fungi e são diferentes das plantas por não realizarem fotossíntese. Em vez disso, eles obtêm nutrientes por meio da decomposição de matéria orgânica ou, no caso dos cogumelos cultivados, através de um substrato preparado especificamente para o cultivo.

## Papel dos Cogumelos na Natureza

Os cogumelos desempenham um papel vital na natureza como decompositores. Eles são responsáveis por quebrar matéria orgânica morta, como folhas, galhos e troncos, liberando nutrientes essenciais de volta ao solo. Essa atividade desempenha um papel crucial no ciclo de nutrientes das florestas e ecossistemas em todo o mundo.

## Micorrizas

A micorriza é uma associação mutualística simbiótica que ocorre entre as raízes das plantas e fungos do solo. Nesse processo, as raízes das plantas fornecem nutrientes, como carboidratos (açúcares), para o fungo, e, em troca, o fungo auxilia na absorção de nutrientes, como fósforo, nitrogênio, zinco e outros minerais, fornecendo-os às raízes das plantas.

Essa relação simbiótica é extremamente benéfica para ambas as partes envolvidas. Por um lado, as plantas conseguem expandir sua capacidade de absorver nutrientes do solo, especialmente aqueles que são menos móveis e, portanto, mais difíceis de serem alcançados pelas raízes. Além disso, o fungo pode ajudar as plantas a lidar com situações de estresse, como seca ou alta salinidade do solo, aumentando sua resistência.

Existem dois principais tipos de micorriza: a ectomicorriza e a endomicorriza.

## 1. Ectomicorriza:

Na ectomicorriza, a rede de micélio do fungo envolve externamente as células da raiz da planta, formando uma espécie de "manto" ao redor da superfície radicular. As hifas (fios do micélio) se expandem pelo solo, formando uma estrutura chamada "manto de micélio", que pode ser visto a olho nu em alguns casos. Esse tipo de micorriza é comum em árvores como pinheiros, carvalhos e eucaliptos.

## 2. Endomicorriza:

Na endomicorriza, as hifas do fungo penetram nas células internas das raízes das plantas, formando uma simbiose mais intrincada. Esse tipo de micorriza é comum em plantas herbáceas, como milho, trigo, arroz e muitas plantas tropicais.

A micorriza é essencial para o funcionamento saudável dos ecossistemas terrestres, pois desempenha um papel fundamental na ciclagem de nutrientes e na saúde das plantas. Além disso, essa associação beneficia a agricultura, uma vez que as plantas cultivadas em solos com micorriza geralmente apresentam melhor crescimento e maior resistência a doenças e estresses ambientais.

A exploração e a compreensão mais aprofundada da micorriza têm se mostrado cada vez mais relevantes na pesquisa agrícola, e muitos esforços estão sendo feitos para aprimorar a utilização dessa simbiose em práticas agrícolas sustentáveis, visando aumentar a produtividade das culturas e reduzir a necessidade de fertilizantes químicos.

## Importância dos Cogumelos para os Seres Humanos

Além de seu papel ecológico, os cogumelos têm sido valorizados pelos seres humanos ao longo da história por suas propriedades culinárias e medicinais. Muitas culturas em todo o mundo têm uma rica tradição no consumo e uso de cogumelos para melhorar a saúde e o bem-estar.

## Tipos de Cogumelos

Podemos dividir em 4 tipos: Medicinais, Comestíveis, Selvagens e Alucinógenos. Existem milhares de espécies de cogumelos em todo o mundo, e eles vêm em uma variedade de formas, cores e tamanhos. Alguns são amplamente conhecidos e consumidos, como o Champignon de Paris e o Shiitake, enquanto outros são mais raros e valorizados por suas propriedades medicinais, como o Reishi, Cogumelo do Sol, Juba de Leão e o Cordyceps.

## Cogumelos Alucinógenos

Os mais conhecidos, Psilocybe Cubensis e Amanita Muscaria, que contêm compostos psicoativos capazes de alterar a percepção e a consciência humana. Esses cogumelos são usados em rituais religiosos e práticas espirituais em algumas culturas, mas seu uso pode ser perigoso e ilegal em muitos lugares!

## O Cultivo de Cogumelos

Com o avanço da ciência e da tecnologia, o cultivo de cogumelos tornou-se uma prática cada vez mais acessível e sustentável. O cultivo de cogumelos pode ser realizado em pequena escala em casa ou em larga escala para fins comerciais. É uma atividade gratificante que combina ciência, arte e cuidado com o meio ambiente.

## Objetivos deste Manual

Este manual foi criado para fornecer informações abrangentes e detalhadas sobre o cultivo de cogumelos, desde os princípios básicos até técnicas avançadas. Ele abordará diversos aspectos, incluindo a seleção de espécies adequadas para cultivo, preparação do substrato, cuidados diários, entre outros temas.

## Nota de Segurança

É importante mencionar que, embora a maioria dos cogumelos cultivados seja comestível, existem algumas espécies venenosas que se assemelham a cogumelos comestíveis. A identificação correta dos cogumelos é crucial para evitar acidentes graves. Se você não tiver experiência em identificação, é recomendável adquirir cogumelos de fornecedores confiáveis.

Neste manual, você encontrará todas as informações necessárias para iniciar sua jornada no fascinante mundo dos cogumelos, com segurança e confiança. Boa leitura e sucesso em seu cultivo.

# PRINCÍPIOS BÁSICOS

## O que são Cogumelos?

Os cogumelos são organismos pertencentes ao reino Fungi, que se diferenciam das plantas por não realizarem fotossíntese. Em vez disso, eles obtêm nutrientes por meio da absorção de matéria orgânica decomposta ou do cultivo em um substrato preparado. Os cogumelos têm uma estrutura distintiva composta por um corpo frutífero chamado basidiocarpo, que é a parte visível que emerge do solo ou do substrato.

## Ciclo de Vida dos Cogumelos

O ciclo de vida dos cogumelos é complexo e envolve várias etapas. Começa com a germinação de esporos, que são pequenas células reprodutivas liberadas pelas lamelas (estruturas semelhantes a lâminas) dos cogumelos maduros. Esses esporos se desenvolvem em hifas, que são filamentos que constituem o micélio, a parte vegetativa do cogumelo. O micélio cresce e se expande no substrato até formar primórdios, que são pequenos botões que se desenvolverão em cogumelos adultos. Quando as condições são adequadas, os cogumelos crescem e liberam novos esporos, completando o ciclo.

## Tipos de Cogumelos

Há uma grande diversidade de cogumelos comestíveis e medicinais em todo o mundo. Alguns dos cogumelos mais conhecidos e amplamente consumidos incluem o Champignon de Paris (Agaricus Bisporus), o Shiitake (Lentinula Edodes), o Cogumelo do Sol (Agaricus Blazei) e o Shimeji (Pleurotus Ostreatus).

Além dos cogumelos comestíveis, existem várias espécies valorizadas por suas propriedades medicinais. Entre elas, destacam-se o Reishi (Ganoderma Lucidum), conhecido como "Cogumelo da Imortalidade" na medicina tradicional chinesa, o Juba de Leão (Hericium Erinaceus), conhecido pelas suas propriedades benéficas ao funcionamento cerebral e o Cordyceps (Cordyceps Sinensis/Militaris), amplamente utilizado em suplementos e remédios naturais.

## Seleção do Cogumelo para Cultivo

Ao decidir cultivar cogumelos, é importante selecionar a espécie mais adequada para o seu ambienteclima e objetivos de produção. Algumas espécies são mais fáceis de cultivar em casa, enquanto outras podem requerer condições mais específicas ou equipamentos especializados. Considere fatores como a disponibilidadecusto de substrato, temperatura, umidade e espaço disponível antes de escolher a espécie de cogumelo para cultivar. Considere aproveitar as diferenças de temperatura durante o ano para escolher a variedade que tem maior capacidade de se desenvolver, optando por espécies que gostam de calor nos meses mais quentes e no inverno as espécies que preferem clima frio.

## Ciclo de Vida e Ecologia do Cogumelo

Os cogumelos também têm um ciclo de vida ecológico importante para a manutenção dos ecossistemas. Eles desempenham um papel fundamental na decomposição de matéria orgânica e reciclagem de nutrientes nas florestas e outros ambientes naturais. Os fungos são os principais responsáveis pela decomposição da matéria orgânica acumulada na superfície e no interior do solo das florestas.

Neste capítulo, foram abordados os princípios básicos dos cogumelos, incluindo sua definição, ciclo de vida, tipos comestíveis e medicinais e a importância dos cogumelos na ecologia.

# PROPRIEDADES MEDICINAIS

## Antioxidantes e Combate aos Radicais Livres

Muitos cogumelos medicinais são ricos em compostos antioxidantes, como polifenóis e flavonoides, que ajudam a combater os radicais livres e reduzir o estresse oxidativo no corpo. Essas propriedades antioxidantes podem contribuir para a proteção das células contra danos e o envelhecimento precoce, além de apoiar o sistema imunológico.

## Reforço do Sistema Imunológico

Os cogumelos medicinais, como o Cogumelo do Sol, o Reishi, o Shiitake e o Maitake, são conhecidos por suas propriedades imunoestimulantes. Eles contêm beta-glucanas e outros compostos que podem fortalecer o sistema imunológico, ajudando o corpo a combater infecções e doenças.

As beta-glucanas são um grupo de polissacarídeos, ou seja, moléculas compostas por unidades de açúcares, que são encontradas em diferentes fontes, incluindo fungos, leveduras, algas, bactérias e algumas plantas. Elas são compostas principalmente por unidades de glicose, ligadas entre si por ligações beta (1-3) e/ou beta (1-6).

Essas moléculas de beta-glucanas têm despertado muito interesse na área da saúde e nutrição devido aos seus potenciais benefícios para o sistema imunológico e outras funções biológicas. Elas são consideradas imunomoduladoras, o que significa que podem ajudar a regular a resposta do sistema imunológico, estimulando-o ou modulando-o de acordo com as necessidades do organismo.

As beta-glucanas podem ser encontradas em várias formas e fontes, mas uma das mais conhecidas e estudadas é a extraída de fungos, especialmente dos cogumelos medicinais, como o cogumelo Reishi (Ganoderma Lucidum), o Cogumelo do Sol (Agaricus Blazei) e o cogumelo Shiitake (Lentinula Edodes).

Essas moléculas têm sido associadas a uma série de benefícios à saúde, incluindo:

1. Estimulação do sistema imunológico: As beta-glucanas podem ativar as células do sistema imunológico, como os macrófagos e as células Natural Killer (NK), que desempenham um papel importante na defesa do organismo contra patógenos e células cancerígenas.

2. Efeito antioxidante: As beta-glucanas também podem atuar como antioxidantes, ajudando a combater os radicais livres e reduzindo o estresse oxidativo nas células.

3. Regulação dos níveis de colesterol: Algumas pesquisas indicam que as beta-glucanas podem ajudar a reduzir os níveis de colesterol no sangue, o que pode ser benéfico para a saúde cardiovascular.

4. Suporte à saúde gastrointestinal: As beta-glucanas podem desempenhar um papel no suporte à saúde do trato gastrointestinal, auxiliando na regulação da microbiota intestinal e melhorando a função intestinal.

5. Propriedades anti-inflamatórias: Estudos também sugerem que as beta-glucanas podem ter efeitos anti-inflamatórios, ajudando a reduzir a inflamação no corpo.

É importante notar que a eficácia e os benefícios das beta-glucanas podem variar dependendo da fonte e da forma em que são consumidas. Além disso, é sempre recomendado buscar orientação de um profissional de saúde antes de iniciar qualquer suplementação com beta-glucanas, especialmente se houver histórico de alergias ou problemas de saúde específicos.

## Propriedades Anti-inflamatórias

Alguns cogumelos medicinais possuem propriedades anti-inflamatórias que podem ajudar a reduzir a inflamação no corpo. Essa redução da inflamação está associada a diversos benefícios à saúde, incluindo a prevenção de doenças crônicas, como doenças cardíacas e diabetes, e a melhoria das condições inflamatórias, como artrite.

## Efeitos Adaptogênicos

Os cogumelos medicinais, como o Cordyceps e o Reishi, são considerados adaptogênicos, o que significa que eles podem ajudar o corpo a se adaptar ao estresse físico, mental e ambiental. Esses cogumelos podem auxiliar na regulação do cortisol (hormônio do estresse) e ajudar o organismo a lidar melhor com situações estressantes.

## Apoio à Saúde Cardiovascular

Alguns cogumelos medicinais, como o Shiitake, podem contribuir para a saúde cardiovascular. Eles podem ajudar a reduzir os níveis de colesterol e triglicerídeos, além de melhorar a função dos vasos sanguíneos, o que pode reduzir o risco de doenças cardiovasculares.

## Suporte à Saúde Cerebral e Neurológica

Cogumelos como o Juba de Leão (Hericium Erinaceus) são conhecidos por suas propriedades neuroprotetoras e potencial para melhorar a saúde cerebral. Eles podem estimular o crescimento de neurônios e promover a cognição, memória e função mental.

## Regulação dos Níveis de Açúcar no Sangue

Alguns cogumelos medicinais, como o Agaricus Blazei, têm sido associados à regulação dos níveis de açúcar no sangue. Eles podem ajudar a melhorar a sensibilidade à insulina e auxiliar no controle do diabetes.

## Potencial Anticâncer

Há pesquisas em curso sobre o potencial anticâncer de alguns cogumelos medicinais, como o Cogumelo do Sol, Reishi e o Maitake. Alguns estudos sugerem que esses cogumelos podem ajudar a inibir o crescimento de células cancerígenas e estimular a resposta imunológica contra o câncer.

Embora os cogumelos medicinais ofereçam muitos benefícios, é importante ressaltar que eles não devem ser utilizados como substitutos para tratamentos médicos convencionais. Sempre consulte um profissional de saúde qualificado antes de iniciar qualquer suplementação ou tratamento com base em cogumelos medicinais.

# PREPARAÇÃO PARA O CULTIVO DE COGUMELOS

## Escolha do Local de Cultivo

O primeiro passo para o cultivo de cogumelos é escolher o local adequado. Os cogumelos geralmente preferem ambientes com sombra parcial, protegidos de luz solar direta e ventos fortes. Um porão, galpão ou estufa são opções comuns para o cultivo caseiro. Certifique-se de que o local escolhido tenha uma temperatura estável e controle a umidade do ambiente.

## Tipos de Substrato

O substrato é o material no qual os cogumelos crescem e se desenvolvem. Existem diferentes tipos de substrato, dependendo da espécie de cogumelo que você deseja cultivar. Os cogumelos podem crescer em uma variedade de materiais, como palha, serragem, esterco, resíduos agrícolas ou até mesmo troncos de árvores. Cada espécie de cogumelo tem suas preferências específicas de substrato, por isso é importante selecionar o substrato adequado para a espécie escolhida.

## Preparação do Substrato

A preparação adequada do substrato é crucial para o sucesso do cultivo de cogumelos. O substrato deve ser esterilizado para eliminar quaisquer microrganismos indesejados que possam competir com os cogumelos por nutrientes. A esterilização pode ser feita por meio de autoclavagem, pasteurização, choque térmico ao utilizar água fervente, e etc..

## Métodos de Esterilização

Existem vários métodos de esterilização do substrato, cada um com suas vantagens e desvantagens. Alguns dos métodos comuns incluem a esterilização em água quente, pasteurização e autoclavagem. A escolha do método dependerá do tipo de substrato e das condições disponíveis para o cultivo.

## Inoculação do Substrato

Após a esterilização do substrato e o resfriamento adequado, é hora de inoculá-lo com o micélio do cogumelo selecionado. O micélio é a parte vegetativa do cogumelo e é a estrutura que crescerá para formar o cogumelo frutífero. O micélio pode ser obtido de esporos ou de pedaços de micélio cultivados anteriormente. A inoculação é feita adicionando o micélio ao substrato esterilizado de maneira higiênica. Caso você não tenha um inóculo, é possível encontrar diversos sites especializados em fungicultura, que vendem inóculos em meios de cultura variados, os mais comuns são: Seringas com meio de cultura liquido, Grãos e Placas Petri.

## Cuidados Pós-Inoculação

Após a inoculação do substrato, é importante manter o ambiente de cultivo limpo e controlar a umidade e a temperatura para permitir o crescimento adequado do micélio. Durante essa fase, o micélio se espalhará pelo substrato e colonizará o material. Quando um substrato está completamente colonizado, na maioria das espécies, o substrato fica compeltamente branco e rígido. O Juba de Leão (Hericium Erinaceus), costuma escurecer o substrato, mas isso não é uma regra, porém, é importante saber dessa característica do Juba de Leão, para não confundir o escurecimento com contaminação!

## Tempo de Colonização

O tempo de colonização varia de acordo com a espécie de cogumelo e as condições de cultivo. Em geral, a colonização pode levar de algumas semanas a vários meses. Durante esse período, é essencial evitar a contaminação e monitorar o crescimento do micélio.

Nesta seção, abordamos a preparação para o cultivo de cogumelos, desde a escolha do local até a inoculação do substrato. No próximo capítulo, exploraremos o ambiente de cultivo adequado para os cogumelos, incluindo o controle de temperatura, umidade e outras condições essenciais para o crescimento saudável dos cogumelos.

# AMBIENTE DE CULTIVO DE COGUMELOS

*Controle de Temperatura e Umidade*

O ambiente de cultivo dos cogumelos desempenha um papel crucial no sucesso do cultivo. O controle adequado da temperatura e umidade é essencial para o crescimento saudável dos cogumelos. Cada espécie de cogumelo tem preferências específicas em relação à temperatura e umidade, portanto, é importante pesquisar as necessidades específicas da espécie que você está cultivando.

- Temperatura: A temperatura ideal para o cultivo de cogumelos pode variar dependendo da espécie, mas geralmente está na faixa de 20°C a 25°C. Algumas espécies podem preferir temperaturas mais baixas, enquanto outras podem tolerar temperaturas um pouco mais altas. É importante manter a temperatura estável e evitar flutuações significativas, pois mudanças bruscas podem afetar o crescimento dos cogumelos.

- Umidade: A umidade também é fundamental para o crescimento dos cogumelos. A maioria das espécies de cogumelos requer alta umidade para o desenvolvimento adequado. É possível manter a umidade do ambiente de cultivo através de métodos como a pulverização frequente de água nas paredes e superfícies do local ou o uso de umidificadores.

## Iluminação Adequada

Os cogumelos não realizam fotossíntese, portanto, não requerem luz solar direta para crescer. No entanto, a luz ainda é importante para orientar o crescimento dos cogumelos. A exposição à luz indireta pode ajudar os cogumelos a desenvolver uma orientação vertical adequada. Geralmente, uma luz suave e difusa é suficiente para atender às necessidades dos cogumelos. Evite a exposição direta à luz solar, pois isso pode levar à desidratação e a outros problemas.

## Ventilação e Circulação de Ar

A ventilação adequada é essencial para garantir que o ambiente de cultivo tenha oxigênio suficiente e para evitar o acúmulo de dióxido de carbono. Os cogumelos requerem oxigênio para crescer, e a falta dele pode levar ao crescimento lento ou ao desenvolvimento inadequado. Por outro lado, altas concentrações de dióxido de carbono podem ser prejudiciais ao crescimento dos cogumelos. Certifique-se de fornecer ventilação adequada no local de cultivo. Os sacos de cultivo precisam de um filtro que permita a troca gasosa, pode-se usar algodão ou algum filtro laboratorial. Alguns sacos de cultivo já possuem este filtro. Na fase de frutificação, após a abertura dos sacos de cultivo, o fruto passa a ter contato direto com o ar do ambiente e as trocas gasosas acontecem naturalmente.

## Higienização do Ambiente

Manter um ambiente limpo e higienizado é fundamental para evitar a contaminação dos cogumelos por microrganismos indesejados. Use roupas limpas e luvas ao manusear o substrato e os cogumelos. Mantenha o ambiente de cultivo limpo, livre de poeira, sujeira e detritos.

Na fase da frutificação dos blocos ou sacos de cultivo, não precisamos nos preocupar tanto com a contaminação, pos o substrato estará completamente colonizado com o micélio e evitará as contaminações possíveis de existir pelo contato com o ar do ambiente, mas, ainda assim é importante manter o controle do ambiente contra contaminações. Por exemplo: o Shiitake em toras, na maioria das vezes deixado ao relento, em um ambiente favorável ao seu crescimento, está exposto a contaminação de novos fungos e bactérias, mas o micélio estará tão forte que não permitira que novos fungos e bactérias se proliferem.

## Monitoramento e Ajustes

É importante monitorar regularmente as condições do ambiente de cultivo e fazer os ajustes necessários conforme necessário. Verifique a temperatura, umidade e ventilação diariamente e faça ajustes para garantir que as condições permaneçam dentro da faixa adequada para o crescimento dos cogumelos.

Nesta seção, foram abordados os aspectos essenciais do ambiente de cultivo para o sucesso no cultivo de cogumelos. No próximo capítulo, exploraremos o manejo e os cuidados diários necessários para garantir o crescimento saudável dos cogumelos, incluindo rega, controle de pragas e doenças, poda e colheita.

# MANEJO E CUIDADOS DIÁRIOS NO CULTIVO DE COGUMELOS

## Rega e Umidade

Manter a umidade adequada é essencial para o crescimento saudável dos cogumelos. A rega deve ser feita de forma cuidadosa para evitar encharcar o substrato, o que pode levar ao apodrecimento dos cogumelos. Use um borrifador para regar suavemente o substrato, mantendo-o úmido, mas não encharcado. Monitore regularmente a umidade do ambiente e ajuste a rega conforme necessário para atender às necessidades da espécie cultivada.

## Controle de Pragas e Doenças

Os cogumelos podem ser afetados por pragas e doenças que podem prejudicar o cultivo. Algumas pragas comuns incluem insetos e larvas que se alimentam do micélio e dos cogumelos em desenvolvimento. Para controlar pragas, mantenha o ambiente de cultivo limpo e livre de detritos, e verifique regularmente se há sinais de infestação. Em caso de infestação, remova manualmente as pragas ou utilize métodos de controle biológico adequados. Por exemplo: Se verificar o surgimento de moscas no ambiente e larvas nos substratos, é necessário fazer o controle destes insetos, usando lâmpadas que atraem e eliminam insetos voadores.

Quanto às doenças, a prevenção é a melhor abordagem. Certifique-se de esterilizar adequadamente o substrato antes da inoculação para eliminar microrganismos patogênicos. Caso observe sinais de doenças, isole os cogumelos afetados e remova-os do ambiente de cultivo para evitar a propagação.

## Poda e Colheita

À medida que os cogumelos crescem, é importante acompanhar o processo de desenvolvimento para identificar o momento certo de colheita. Os cogumelos devem ser colhidos quando atingirem um tamanho adequado, mas antes que as lamelas se abram completamente. Use uma faca afiada para cortar os cogumelos próximos à base do caule, evitando danificar o micélio circundante. Alguns produtores preferem fazer a colheita torcendo e puxando os frutos, ao invés de utilizar lâminas de corte.

Após a colheita, os cogumelos maduros podem liberar esporos, o que pode afetar o ambiente de cultivo.

Para evitar isso, colha os cogumelos antes que as lamelas comecem a escurecer e a liberar esporos.

## Prevenção de Contaminações

A contaminação do substrato por microrganismos indesejados é uma das principais preocupações no cultivo de cogumelos. Para evitar contaminações, é fundamental manter o ambiente de cultivo limpo e higienizado. Use luvas limpas ao manusear os cogumelos e o substrato. Certifique-se de esterilizar corretamente o substrato antes da inoculação e mantenha uma boa ventilação para evitar o acúmulo de dióxido de carbono.

## Uso de Fertilizantes Orgânicos

Em alguns casos, pode ser necessário complementar o

substrato com nutrientes adicionais para promover o crescimento dos cogumelos. Fertilizantes orgânicos, como farinha de arroz integral, farinha de milho ou farelo de trigo, podem ser adicionados ao substrato antes da inoculação para fornecer nutrientes extras aos cogumelos.

Nesta seção, foram abordados os cuidados diários e o manejo necessário para garantir o crescimento saudável dos cogumelos. No próximo capítulo, exploraremos o cultivo de cogumelos específicos, incluindo técnicas de cultivo para espécies populares.

# CULTIVO DE COGUMELOS ESPECÍFICOS

*Shiitake (Lentinula Edodes)*

|  | Incubação | Indução | Frutificação |
|---|---|---|---|
| Temperatura | 20-26 ºC | 10-18 ºC | 16-20 ºC |
| Iluminação | Não | Sim | Sim |
| Duração | 35-70 dias | 5-7 dias | 5-10 dias |

O Shiitake é um dos cogumelos mais populares e apreciados em todo o mundo devido ao seu sabor delicioso e às suas propriedades medicinais. O cultivo do Shiitake pode ser feito em toras de madeira ou em blocos de substrato preparados com serragem e outros materiais. Nesta seção, abordaremos o passo a passo para o cultivo do cogumelo Shiitake, incluindo a escolha das toras ou blocos axênicos de substrato, a inoculação do micélio, o manejo diário, e o momento ideal para a colheita.

Se você optar por preparar os blocos de madeira em casa, será necessário cortar a madeira em pedaços de tamanho adequado e pasteurizá-la ou esterilizá-la para eliminar bactérias e fungos indesejados.

A pasteurização pode ser feita imergindo a madeira em água quente por algumas horas, enquanto a esterilização envolve o uso de calor e pressão em um equipamento específico. O cultivo de Shiitake em bloco axênico refere-se a um método de cultivo em que o cogumelo é cultivado em blocos de substrato livre de qualquer contaminação microbiana.

Nesse processo, é necessário esterilizar completamente o substrato para eliminar todas as bactérias e fungos presentes, deixando apenas o micélio do cogumelo. O resultado é um cultivo mais limpo e com menor risco de contaminação, o que pode resultar em uma maior produtividade e qualidade dos cogumelos. O Shiitake frutifica mais rápido em blocos axênicos, em torno de 50 a 70 dias. Em toras pode levar até 180 dias!

O método de cultivo em bloco axênico envolve as seguintes etapas:

1. Preparação do Substrato:

O substrato utilizado para o cultivo de Shiitake em bloco axênico pode ser serragem de madeira, palha ou outros materiais orgânicos. O substrato deve ser cuidadosamente selecionado e preparado para garantir que esteja livre de contaminação. Você pode utilizar pelets de madeira, que geralmente são vendidos para bandeijas sanitárias para gatos, a vantagem dos pelets é que eles já são esterelizados de fábrica, mas muito cuidado no manuseio e acomodação nos sacos de cultivo! Ao utilizar os pelets, é preciso suplemetar com alguns nutrientes orgânicos! É muito comum a utilização de farelo de trigo , mas você também pode utilizar, farelo de arroz integral, na proporção de 3% a 5%.

## 2. Esterilização do Substrato:

A esterilização é uma etapa crítica para o cultivo em bloco axênico. O substrato deve ser submetido a altas temperaturas e pressão para eliminar todas as bactérias e fungos presentes. Isso pode ser feito usando um autoclave ou outro equipamento adequado. Outra opção que funciona muito bem é a imersão do substrato em água fervendo, neste processo acontece a pasteurização, um choque térmico que elimina bácterias e fungos indesejados. Caso utilize pelets de madeira, adicione 1200ml de água fervendo para cada quilo de substrato e misture bem. Importante lembrar que todo o material utilizado, o ambiente e as pessoas, precisam tomar todas as medidas para não contaminar o substrato! É importante utilizar máscaras, luvas e limpar todo o material com alcool a 70% antes!

Para acomodar o susbtrato, pode utilizar sacos plásticos ou frascos descartáveis.

Geralmente os descartáveis novos já são estéreis, logo, não é preciso esterelizar.

## 3. Inoculação do Micélio:

Após a esterilização do substrato, o micélio do cogumelo Shiitake é introduzido no substrato. O micélio é a parte vegetativa do cogumelo e é responsável pelo crescimento e desenvolvimento do cogumelo. Pode-se usar seringas ou sementes contendo o micélio para inoculá-lo no substrato.

## 4. Incubação:

Após a inoculação, os blocos de substrato são mantidos em um ambiente limpo, escuro e úmido para a fase de incubação. Nessa fase, o micélio irá colonizar todo o substrato, formando uma rede de filamentos brancos(Hifas).

5. Frutificação:

Após a colonização completa do substrato pelo micélio, os blocos são transferidos para um ambiente adequado para a frutificação. Isso inclui a exposição à luz, redução da temperatura e manutenção da umidade.

6. Colheita:

Os cogumelos Shiitake estarão prontos para a colheita quando suas bordas estiverem enroladas para cima. Corte os cogumelos com uma faca afiada rente à superfície do bloco para não danificar o micélio.

## Cultivo em Toras

O cultivo de Shiitake em toras é uma técnica popular e relativamente simples para produzir Shiitake em casa ou em pequena escala. Neste método, o micélio do cogumelo é inoculado diretamente em toras de madeira, proporcionando um ambiente favorável para o crescimento dos cogumelos.

Abaixo estão os passos básicos para cultivar Shiitake em toras:

1. Escolha das Toras: Selecione toras de madeira adequadas para o cultivo de Shiitake. As melhores opções incluem madeiras de Carvalho, Kunugui, Eucalipto, Faias ou outras madeiras de folhosas, que são as preferidas pelo cogumelo Shiitake para crescer.

2. Preparação das Toras: Corte as toras em pedaços com cerca de 1 metro de comprimento e 10 a 15 cm de diâmetro. As toras devem ser frescas, com no máximo 4 semanas após o corte, pois o micélio precisa de umidade para se estabelecer.

## 3. Inoculação das Toras:

Utilizando uma furadeira, faça orifícios nas toras, espaçados entre si, e introduza o micélio do cogumelo nesses orifícios. O micélio é a parte vegetativa do cogumelo, que contém a estrutura de crescimento. Você pode obter o micélio em laboratórios especializados ou comprar toras já inoculadas.

4. Lacração dos Orifícios: Após a inoculação, é importante lacrar os orifícios para evitar a contaminação por outros microrganismos. Utilize cera de abelha ou parafina para selar os orifícios.

5. Incubação das Toras: Coloque as toras inoculadas em local protegido da luz direta do sol e mantenha-as úmidas. O micélio irá crescer dentro das toras, colonizando o substrato. A temperatura ideal para a incubação varia entre 20°C a 25°C.

6. Estimulação da Frutificação: Após a colonização completa das toras pelo micélio, é hora de estimular a frutificação. Isso pode ser feito por meio de um choque térmico, expondo as toras a uma mudança de temperatura e um aumento da umidade. Mergulhar as toras em água fria por algumas horas pode ser uma técnica eficaz.

7. Frutificação e Colheita: Os cogumelos Shiitake começarão a crescer nos orifícios inoculados.

Assim que estiverem prontos para a colheita (com as bordas enroladas para cima), corte os cogumelos com uma faca afiada, deixando uma pequena parte do cogumelo no substrato para futuras colheitas.

8. Cuidados contínuos: Após a primeira colheita, as toras podem

continuar produzindo cogumelos por alguns anos. Mantenha as toras úmidas e em um ambiente adequado para a formação de novos cogumelos.

O cultivo de Shiitake em toras é uma ótima opção para quem deseja produzir cogumelos em casa de forma sustentável e com baixo investimento. No entanto, é essencial seguir procedimentos adequados de higiene para evitar contaminações e garantir uma boa colheita. Caso seja possível, é recomendado buscar orientação de especialistas ou associações de produtores de cogumelos para obter melhores resultados no cultivo de shiitake em toras.

## Shimeji (Pleurotus Ostreatus)

|  | Incubação | Indução | Frutificação |
|---|---|---|---|
| Temperatura | 22-26 ºC | 20-26 ºC | 22-26 ºC |
| Iluminação | Não | Sim | Sim |
| Duração | 10-18 dias | 4-8 dias | 15-25 dias |

O cogumelo Pleurotus, também conhecido como Hiratake ou Cogumelo Ostra, é outro cogumelo amplamente cultivado e apreciado por sua textura e sabor suave. O cultivo do Pleurotus pode ser realizado em substrato de palha ou outros materiais orgânicos.

Detalharemos o processo de cultivo do cogumelo Pleurotus, desde a preparação do substrato até o cuidado diário e a colheita.

Abaixo estão os passos básicos para cultivar Shimeji:

1. Escolha do Substrato:

O Shimeji pode ser cultivado em diferentes tipos de substratos, mas o mais comum é a palha de arroz ou o composto de serragem e cascas de cereais. A palha é frequentemente utilizada por ser um substrato de fácil acesso e favorável ao crescimento do cogumelo, mas, você pode utilizar serragem ou pelets de madeira suplementada também. Muitos produtores utilizam a palha proveniente das podas de capim de suas propriedades. Ao utilizar a palhada proveniente das podas, devemos aproveitar as partes mais galhosas do capim, as folhas não são interessantes.

## 2. Preparação do Substrato:

O substrato deve ser preparado de forma adequada, e a primeira etapa é a pasteurização para eliminar bactérias e fungos indesejados. A palha de arroz, por exemplo, pode ser pasteurizada em água quente por algumas horas. Em seguida, o substrato é drenado, deixando-o úmido, mas não encharcado. O ideal é que ao apertar com as mãos, não escorra ou pingue água.

## 3. Inoculação do Micélio:

Após a pasteurização, o substrato é resfriado e está pronto para receber o inóculo do Shimeji. O inóculo pode ser obtido em laboratórios especializados ou comprado pronto, na forma de sementes ou liquida. Utilize o inóculo no substrato, misturando-o de forma homogênea.

## 4. Colonização do Substrato:

Após a inoculação, os recipientes contendo o substrato são mantidos em um ambiente com temperatura adequada (aproximadamente 20-25°C) e boa ventilação. O micélio irá se propagar e colonizar todo o substrato. Esse processo pode levar algumas semanas.

## 5. Estimulação da Frutificação:

Para estimular a frutificação, o substrato colonizado é transferido para um ambiente com maior umidade e luz indireta. O ideal é manter a umidade em torno de 90% e a temperatura em cerca de 15-20°C.

## 6. Frutificação e Colheita:

Os cogumelos Shimeji começarão a crescer no substrato colonizado. À medida que os cogumelos atingem o tamanho adequado para a colheita, eles são cortados com uma faca ou tesoura, deixando uma pequena parte do cogumelo no substrato para futuras colheitas.

## 7. Cuidados contínuos:

Após a primeira colheita, os cogumelos Shimeji podem continuar produzindo em ciclos, desde que as condições ambientais e de substrato sejam mantidas adequadas. É importante manter o substrato úmido e proporcionar ventilação suficiente para os cogumelos se desenvolverem.

O cultivo de Shimeji pode ser uma atividade gratificante e relativamente simples, mas é importante seguir procedimentos adequados de higiene e conhecer bem os requisitos de crescimento do cogumelo.

## Reishi (Ganoderma Lucidum)

|  | Incubação | Indução | Frutificação |
|---|---|---|---|
| Temperatura | 21-27 °C | 21-26 °C | 21-26 °C |
| Iluminação | Não | Sim | Sim |
| Duração | 14-21 dias | 14-28 dias | 60-90 dias |

O cogumelo Reishi, também conhecido como cogumelo Lingzhi, é altamente valorizado por suas propriedades medicinais e é usado tradicionalmente na medicina chinesa. O cultivo do cogumelo Reishi requer condições específicas e pode ser mais desafiador do que o cultivo de cogumelos comestíveis. Nesta seção, abordaremos as técnicas e requisitos especiais para o cultivo do cogumelo Reishi e seus benefícios para a saúde.

Abaixo estão os passos básicos para cultivar Reishi:

## 1. Escolha do Substrato:

O Reishi é frequentemente cultivado em toras de madeira. Madeiras de folhosas, como carvalho ou faias, são preferidas para o cultivo do Reishi. As toras devem ser frescas!

## 2. Preparação das Toras:

Corte as toras em pedaços de cerca de 30-50 cm de comprimento e faça orifícios espaçados de 10-15 cm na tora com uma broca. Os orifícios devem ter cerca de 1 cm de diâmetro e uma profundidade de 3-5 cm.

## 3. Inoculação do Micélio:

Obtenha o micélio do Reishi de um laboratório especializado ou de um produtor confiável. Use agulhas ou seringas esterilizadas para injetar o micélio nos orifícios da tora.

## 4. Lacração dos Orifícios:

Após a inoculação, lacre os orifícios com cera de abelha ou parafina para evitar contaminação e manter a umidade.

## 5. Incubação:

As toras inoculadas são colocadas em um ambiente escuro e úmido para a fase de incubação. A temperatura ideal para a incubação do Reishi é de aproximadamente 20-25°C.

## 6. Frutificação:

Após a colonização completa da tora pelo micélio, ela pode ser transferida para um ambiente com maior umidade e luz indireta para estimular a frutificação. Mantenha a umidade relativa em torno de 90% e a temperatura em cerca de 15-20°C.

## 7. Colheita:

Os corpos de frutificação do Reishi, que são os cogumelos visíveis, começarão a crescer nos orifícios inoculados. Os cogumelos Reishi estão prontos para a colheita quando as bordas estão enroladas para cima e os corpos de frutificação atingirem o tamanho adequado. Corte os cogumelos com uma faca afiada rente à superfície da tora.

## 8. Cuidados contínuos:

Após a primeira colheita, os Reishis podem continuar produzindo cogumelos por várias vezes. Continue mantendo as toras úmidas e em um ambiente adequado para a formação de novos cogumelos.

É importante notar que o cultivo de Reishi requer cuidados e atenção aos detalhes. Se você é um iniciante no cultivo de cogumelos, pode ser útil buscar orientação de especialistas ou associações de produtores de cogumelos para obter melhores resultados no cultivo de Reishi. Além disso, o Reishi pode levar mais tempo para frutificar em comparação com outros cogumelos comestíveis, então paciência e dedicação são necessárias ao cultivar esta valiosa espécie de cogumelo medicinal.

## Cordyceps (Cordyceps Sinensis)

|  | Incubação | Indução | Frutificação |
|---|---|---|---|
| Temperatura | 20-30 ºC | 20-30 ºC | 20-30 ºC |
| Iluminação | Não | Sim | Sim |
| Duração | 20-60 dias | 5-10 dias | 5-20 dias |

O cogumelo Cordyceps é um dos cogumelos medicinais mais procurados e é usado na medicina tradicional chinesa há séculos. O Cordyceps é conhecido por parasitar larvas de insetos, mas também pode ser cultivado em substratos artificiais em laboratório. Nesta seção, exploraremos o cultivo do cogumelo Cordyceps, as etapas envolvidas e suas propriedades medicinais.

Abaixo estão os passos básicos para cultivar Cordyceps em laboratório:

1. Escolha do Substrato:

Para o cultivo em laboratório, um substrato adequado deve ser preparado. Pode-se usar uma mistura de grãos, como arroz ou cevada, ou uma mistura de diferentes ingredientes como farinha de trigo, farelo de arroz e outros nutrientes.

2. Preparação do Substrato:

O substrato é esterilizado para eliminar qualquer contaminação microbiana que possa competir com o Cordyceps. Isso pode ser feito através de métodos como autoclavagem ou esterilização a vapor.

## 3. Inoculação do Micélio:

Após a esterilização, o micélio do Cordyceps é inoculado no substrato. O micélio pode ser obtido de fontes confiáveis ou laboratórios especializados em cultivo de fungos. O micélio é introduzido no substrato de forma asséptica.

## 4. Incubação:

As bandejas ou recipientes com o substrato inoculado são mantidos em uma câmara de cultivo com condições controladas de temperatura e umidade. A temperatura ideal para a incubação do Cordyceps varia de acordo com a espécie, geralmente entre 20°C e 30°C.

## 5. Formação dos Corpos Frutíferos:

Após a colonização completa do substrato pelo micélio, condições específicas de temperatura e umidade são necessárias para induzir a formação dos corpos frutíferos (esporocarpos) do Cordyceps.

## 6. Colheita:

Os corpos frutíferos do Cordyceps estão prontos para a colheita quando estiverem completamente desenvolvidos e maduros. Eles são cuidadosamente colhidos e processados para uso.

É importante mencionar que o cultivo de Cordyceps é uma atividade mais complexa e requer conhecimento especializado em micologia e técnicas de cultivo de fungos. Além disso, o Cordyceps é um dos cogumelos mais valiosos e comercialmente explorados, e o seu cultivo em grande escala é mais comumente realizado por produtores especializados em laboratórios avançados.

Para quem deseja cultivar Cordyceps em casa ou em pequena escala, pode ser útil buscar orientação de especialistas em micologia e buscar informações detalhadas sobre o cultivo específico dessa espécie de cogumelo medicinal.

## Juba de Leão (Hericium Erinaceus)

O cogumelo Juba de Leão é uma espécie de cogumelo comestível e medicinal, conhecido por sua aparência única e seus potenciais benefícios para a saúde cerebral e neurológica.

Esses benefícios são atribuídos principalmente às substâncias bioativas presentes no cogumelo.

Abaixo estão alguns dos benefícios mais destacados do Juba de Leão:

1. Estimulação do Sistema Nervoso:

O Juba de Leão é conhecido por ter propriedades neuroprotetoras e por promover a saúde do sistema nervoso. Estudos indicam que ele pode estimular a produção de fatores de crescimento nervoso (NFG), que são proteínas essenciais para o crescimento, desenvolvimento e sobrevivência das células nervosas.

2. Melhora da Função Cognitiva:

Devido ao seu potencial para estimular o sistema nervoso, o Juba de Leão pode ajudar a melhorar a função cognitiva e o desempenho cerebral. Alguns estudos sugerem que o consumo regular desse cogumelo pode estar associado à melhora da memória e da concentração.   Quem consome este cogumelo costuma relatar maior intensidade cerebral, perceptível, relacionada ao foco e a capacidade de raciocínio!

## 3. Saúde do Sistema Digestivo:

O Juba de Leão contém fibras e compostos que podem ajudar na saúde do sistema digestivo, melhorando a função gastrointestinal e apoiando a saúde das bactérias benéficas do intestino.

## 4. Suporte ao Sistema Imunológico:

O cogumelo Juba de Leão é conhecido por suas propriedades imunomoduladoras, o que significa que ele pode ajudar a regular o sistema imunológico, fortalecendo a resposta imunológica do corpo contra infecções e doenças.

## 5. Propriedades Antioxidantes:

O Juba de Leão contém compostos antioxidantes, como polissacarídeos, que ajudam a neutralizar os radicais livres e reduzir o estresse oxidativo no corpo. Isso pode ajudar a proteger as células contra danos e envelhecimento precoce.

## 6. Potencial Anticancerígeno:

Alguns estudos sugerem que o Juba de Leão pode ter propriedades anticancerígenas devido à presença de compostos bioativos que podem inibir o crescimento de células cancerígenas e estimular a apoptose (morte celular programada).

## 7. Suporte à Saúde Cardiovascular:

O cogumelo Juba de Leão pode ter efeitos benéficos sobre a saúde cardiovascular, ajudando a reduzir o colesterol LDL (colesterol ruim) e a pressão arterial, o que pode ajudar a prevenir doenças cardiovasculares.

É importante destacar que, embora o Juba de Leão tenha mostrado potencial em estudos científicos para vários benefícios à saúde, mais pesquisas são necessárias para confirmar e entender totalmente esses efeitos. Se você estiver interessado em incorporar o Juba de Leão em sua dieta, é sempre recomendável consultar um profissional de saúde ou nutricionista para obter orientações adequadas e seguras. Além disso, se você estiver considerando o uso de suplementos de Juba de Leão, certifique-se de adquiri-los de fontes confiáveis e seguras. Fontes confiáveis e seguras, sempre irão contar com profissionais responsáveis pela sua produção. Caso você não produza o cogumelo Juba de Leão e prefira comprar o seu extrato, dê prefência aos produtos fabricados sob a supervisão de farmaceuticos.

# TÉCNICAS AVANÇADAS DE CULTIVO DE COGUMELOS

As técnicas avançadas de cultivo de cogumelos são utilizadas por produtores experientes e pesquisadores para aumentar a eficiência, qualidade e produtividade da produção de cogumelos. Essas técnicas podem envolver o uso de tecnologias mais sofisticadas, métodos de controle ambiental mais precisos e aprimoramentos no manejo do cultivo.

Abaixo estão algumas das técnicas avançadas de cultivo de cogumelos:

## 1. Cultivo em Ambiente Controlado:

O cultivo em ambiente controlado é uma técnica avançada que envolve o uso de salas ou câmaras especiais onde as condições ambientais, como temperatura, umidade, luz e ventilação, são precisamente reguladas através de dispositivos eletrônicos e integrados à softwares de computador. Isso permite que os produtores criem um ambiente ideal para o crescimento dos cogumelos, independentemente das condições climáticas externas. Essa técnica é comum em cogumelos como cogumelo Shiitake, Paris e Shimeji, os mais vendidos mundialmente.

## 2. Uso de Substratos Específicos:

Além dos substratos tradicionais, como palha de arroz e composto de serragem, técnicas avançadas podem envolver o uso de substratos mais específicos e formulados para atender às necessidades de crescimento de espécies de cogumelos específicas. Isso inclui o uso de resíduos agrícolas, restos de culturas, resíduos de madeira, entre outros materiais concentrados e anidros formulados para cada espécie.

## 3. Bioreatores e Fermentação Líquida:

Para produção em escala industrial, os cogumelos podem ser cultivados em bioreatores e fermentação líquida, onde o micélio é cultivado em meio líquido. Essa técnica pode ser utilizada para aumentar a produção de micélio e também para produzir compostos específicos, como polissacarídeos medicinais, que são extraídos do meio líquido.

## 4. Micélio Puro e Inoculação Direta:

A técnica de utilizar micélio puro (livre de esporos ou outros contaminantes) para a inoculação do substrato pode aumentar a taxa de sucesso no cultivo e evitar contaminações. Além disso, a inoculação direta do micélio no substrato, em vez de usar esporos, pode acelerar o processo de colonização.

## 5. Uso de Estímulos para Frutificação:

Para estimular a formação de corpos frutíferos (cogumelos), os produtores podem usar estímulos específicos, como choque térmico, alteração de umidade ou alteração da concentração de dióxido de carbono no ambiente de cultivo.

## 6. Cultivo Hidropônico de Cogumelos:

Alguns cogumelos exóticos podem ser cultivados em sistemas hidropônicos, onde as raízes do cogumelo são imersas em um meio líquido contendo nutrientes essenciais para o crescimento.

Essas são apenas algumas das técnicas avançadas de cultivo de cogumelos. À medida que a pesquisa e a tecnologia avançam, novas técnicas e abordagens estão sendo desenvolvidas para melhorar ainda mais a produção de cogumelos. É importante ressaltar que o cultivo de cogumelos requer conhecimento técnico e prática, portanto, os produtores interessados em utilizar técnicas avançadas devem buscar orientação de especialistas ou associações de produtores de cogumelos para obter melhores resultados.

# RECEITAS COM COGUMELOS

*Risoto de Cogumelos*

Ingredientes:
- 1 xícara de arroz arbóreo
- 200g de cogumelos frescos (shiitake, cogumelo ostra, ou champignon), fatiados
- 1 cebola média, picada
- 2 dentes de alho, picados
- 3 colheres de sopa de manteiga
- 1/2 xícara de vinho branco seco
- 4 xícaras de caldo de legumes
- 1/2 xícara de queijo parmesão ralado
- Sal e pimenta a gosto
- Salsinha picada para decorar

Instruções:
1. Em uma panela, aqueça o caldo de legumes e mantenha-o em fogo baixo.
2. Em outra panela, derreta 2 colheres de manteiga em fogo médio. Adicione a cebola e o alho e refogue até ficarem macios.
3. Acrescente os cogumelos e refogue por alguns minutos até que eles estejam cozidos e dourados.
4. Adicione o arroz à panela e mexa bem para que todos os grãos fiquem envolvidos na manteiga.
5. Despeje o vinho branco e mexa até que seja absorvido pelo arroz.

6. Gradualmente, adicione conchas de caldo de legumes quente ao arroz, mexendo sempre e esperando que seja absorvido antes de adicionar mais. Continue esse processo até que o arroz esteja cremoso e cozido ao dente (cerca de 18-20 minutos).

7. Desligue o fogo e adicione a manteiga restante e o queijo parmesão ralado. Mexa até que a manteiga e o queijo estejam completamente incorporados.

8. Tempere com sal e pimenta a gosto.

9. Sirva o risoto de cogumelos em pratos individuais e decore com salsinha picada.

## Cogumelos Recheados

Ingredientes:
- 12 cogumelos grandes (Portobello ou Shiitake)
- 1 xícara de pão integral triturado
- 1/2 xícara de queijo mussarela ralado
- 1/4 xícara de queijo parmesão ralado
- 1 dente de alho, picado
- 2 colheres de sopa de azeite de oliva
- 2 colheres de sopa de salsinha fresca, picada
- Sal e pimenta a gosto


Instruções:

1. Preaqueça o forno a 180°C.

2. Limpe os cogumelos e remova os talos, criando espaço para o recheio.

3. Em uma tigela, misture o pão triturado, a mussarela, o parmesão, o alho, a salsinha, o azeite, o sal e a pimenta.

4. Recheie cada cogumelo com a mistura de pão e queijo.

5. Coloque os cogumelos recheados em uma assadeira untada com azeite.

6. Asse no forno por 15-20 minutos, ou até que os cogumelos

estejam macios e o topo esteja dourado.

7. Retire do forno e sirva os cogumelos recheados como acompanhamento ou como prato principal.

## Sopa Cremosa de Cogumelos

Ingredientes:

- 500g de cogumelos frescos variados (Shiitake, Shimeji, Champignon), fatiados
- 1 cebola média, picada
- 2 dentes de alho, picados
- 4 colheres de sopa de manteiga
- 4 colheres de sopa de farinha de trigo
- 4 xícaras de caldo de legumes
- 1 xícara de leite
- 1/2 xícara de creme de leite
- Sal e pimenta a gosto
- Salsinha picada para decorar

Instruções:

1. Em uma panela grande, derreta a manteiga em fogo médio.
2. Adicione a cebola e o alho e refogue até ficarem macios.
3. Acrescente os cogumelos fatiados e cozinhe até que eles liberem sua água e fiquem dourados.
4. Polvilhe a farinha de trigo sobre os cogumelos e mexa bem para que fiquem envolvidos.
5. Despeje o caldo de legumes e mexa para evitar a formação de grumos.
6. Cozinhe em fogo médio-baixo por cerca de 10 minutos, até que a sopa engrosse e os cogumelos estejam macios.

7. Adicione o leite e o creme de leite à sopa e cozinhe por mais alguns minutos.

8. Tempere com sal e pimenta a gosto.

9. Sirva a sopa cremosa de cogumelos em tigelas individuais e decore com salsinha picada.

Essas são apenas algumas ideias deliciosas para incorporar cogumelos em sua culinária. Os cogumelos são versáteis e podem ser utilizados em diversas receitas, como pizzas, massas, omeletes, saladas e muito mais. Use sua criatividade e desfrute dos benefícios nutricionais e saborosos que os cogumelos têm a oferecer!

## Cogumelo ao Shoyo

Cogumelo no shoyu é uma deliciosa e fácil receita de cogumelos preparados com molho shoyu, que realça o sabor e dá um toque oriental aos cogumelos.

Abaixo está a receita simples de cogumelo no shoyu:

Ingredientes:

- 300g de cogumelos frescos (shiitake, shimeji, cogumelo Paris, ou outros de sua preferência)

- 2 colheres de sopa de molho shoyu (ou mais, conforme o gosto)

- 1 colher de sopa de óleo vegetal (como óleo de gergelim ou azeite de oliva)

- 2 dentes de alho picados (opcional, para dar um sabor extra)

- Cebolinha picada (opcional, para decorar)

Instruções:

1. Preparação dos Cogumelos: Lave os cogumelos suavemente para remover qualquer sujeira. Dependendo do tipo de cogumelo, você pode cortá-los em pedaços menores, mas alguns cogumelos, como o shimeji, podem ser cozidos inteiros.

2. Refogar os Cogumelos: Em uma frigideira grande ou Wok, aqueça o azeite em fogo médio. Adicione os cogumelos e refogue por alguns minutos até que fiquem macios e liberem parte de sua água.

3. Adição do Shoyu: Despeje o molho shoyu sobre os cogumelos e misture bem para que fiquem completamente revestidos pelo molho. Você pode ajustar a quantidade de shoyu de acordo com o seu gosto.

4. Acrescentar o Alho (opcional): Se estiver usando alho, adicione-o aos cogumelos e continue refogando por mais alguns minutos até que o alho libere seu aroma.

5. Finalização e Servir: Retire os cogumelos do fogo e coloque-os em um prato. Se desejar, polvilhe cebolinha picada por cima para decorar. Sirva os cogumelos no shoyu quentes como acompanhamento, recheio de sanduíches ou para enriquecer pratos principais.

Essa receita é versátil e pode ser adaptada ao seu gosto, adicionando outros temperos e vegetais conforme sua preferência. O cogumelo no Shoyu é uma ótima opção para vegetarianos e veganos e pode ser apreciado como uma alternativa saborosa e saudável a outros acompanhamentos.

# OBRIGADO!

Espero que este livro tenha enriquecido o seu conhecimento e despertado mais interesse em pesquisar sobre o reino fungi!

www.ingramcontent.com/pod-product-compliance
Lightning Source LLC
Chambersburg PA
CBHW062302290526
45794CB00006B/2668